AF595727

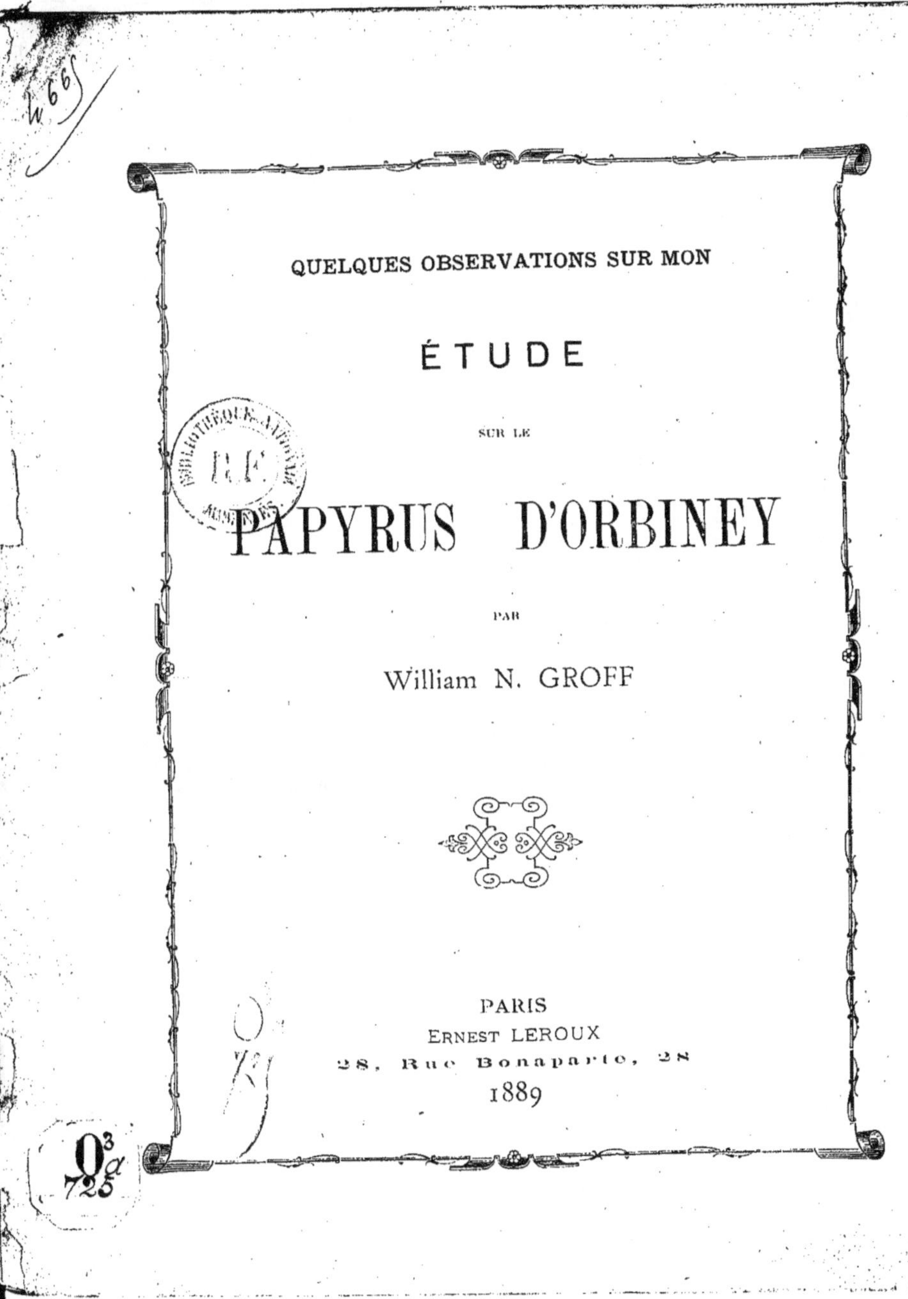

QUELQUES OBSERVATIONS SUR MON

ÉTUDE

SUR LE

PAPYRUS D'ORBINEY

PAR

William N. GROFF

PARIS
ERNEST LEROUX
28, Rue Bonaparte, 28
1889

[illegible]
(Autographie [illegible])

QUELQUES OBSERVATIONS SUR MON

ÉTUDE

SUR LE

PAPYRUS D'ORBINEY

PAR

William N. GROFF

PARIS
ERNEST LEROUX
28, Rue Bonaparte, 28
1889

Bibliographie

M. H. Brugsch, Hieroglyphisch-demotisches Wörterbuch - mots étudiés.

M. Bergmann von Lemm. Aegyptische Lesestücke. Leipzig 1883. transcription.

M. Budge Egyptian Reading Book London 1888. transcription.

M. Ch. E. Moldenke, The tale of the two brothers. A fairy tale of ancient Egypt. Being the d'Orbiney Papyrus in hieratic characters in the British Museum. To which is added the hieroglyphic transcription, a glossary, critical notes, etc. New York 1888.

M. F. L. Griffith Notes on the Text of the d'Orbiney Papyrus. dans les Proceedings of the Society of Biblical Archaeology. London. (march) 1889. p. 161-172 et Plate.

Quelques observations sur mon étude sur le Papyrus d'Orbiney.

P. 2 l. 4. lisez [...] comme ailleurs. Voy. p. 75. l. 11 à rétablir. [...] Voy. Proceedings p. 163. l. 12. [ ].
P. 3 l. 11 - champs ...... P. 4 l. 12. lisez [...] - P. 6 l. 2 [...] etc. l. 14. [...] probablement. P. 8 l. 5. [...] le signe [...] est très douteux. l. 8. à rétablir: [...] et l. 13 [...] cf. Proceedings p. 166.
P. 10 l. 5. [...] et l. 13 peut-être [...] au lieu de [...]. P. 12 l. 11. [...]. Pour [...] l. 12 et [...] p. 14 l. 1. Voy. Rev. Egypt. V. p. 150 n. - P. 13 l. 5 cf. [...] II Sam. XIII. 5. 6.
P. 14 l. 7. [...]. P. 20 l. 3. [...] - P. 26 l. 11. [...] ou [...] - P. 27 l. 5. cf. Pognon. Inscr. de Bavian p. 26.
P. 29 l. 4 n. Plutôt "Le fleuve la vit et jetait de l'eau (gouttes d'eau) après (vers) elle." Voy. Erman. Gramm. § 299.
P. 30 l. 6. [...] - P. 32 l. 4. [...] - P. 34 l. 5 [...] - P. 37 l. 8 je partirai: je m'en irai. l. 15 (habitude de chaque jour.
P. 38 l. 3 [...] l. 6 [...] l. 12 [...] - P. 42 l. 5 [...] Voy. Proceedings p. 170. P. 44 l. 13 [...] p. 28 l. 4 et 46 l. 6 est suivie par le trait 1. cf. Proceedings p. 170. et Plate XVI, 4. - P. 45 l. 10 Chabas Mél. III. 1. 168. - P. 46 l. 15 [...] - P. 57 l. 13. La Conjug. p. 37. l. 16. cf. Erman Gramm. § 70 Anm. l. 23 et lisez tu es. - P. 58 l. 17. [...] je crois que les deux [...] furent prononcés. - P. 59 l. 2 [...]; l. 7. [...] Voy. Groff. Diverses études p. 3.
P. 62 l. 24. [...] ân. le texte démotique (trad. du texte hiérogl.) du décret de Canope traduit

[...]

"en combattant en dehors dans les lieux qui (furent) éloignés et contre (des) peuples (ΕΘΝΟΣ = [...] cf. Rev. Egypt. IV p. 45 n. etc.) nombreux." Voy. M. Pierret Canope (hierogl.) l. 5. et Groff. Canope. (démot.), p. 7. - [...] = [...] ma. ma. lieu, place, endroit.

[...] p. 63, fin. [...] p. 67 l. 10. [...] p. 72, l. 13. reçoivent [...] comme déterminatif. [...] p. 73 l. 25, [...].

P. 64 l. 2. [hiéroglyphes] Voy. Rev. Egypt. V p. 164 n. 4. - P. 64 l. 4. p. 190, 194; 18/11. 30/11. P. 52, - 18, 3. - 28. 8. - 1, 39. - (10). 31. 2. - P. 64: l. 7. [hiéroglyphes] Voy. V. Loret, La flore pharaonique, p. 39. - l. 7. [hiéroglyphes] nom d'un endroit. P. 65. l. 12. [hiéroglyphes] Voy. de Rougé chrest. fac. IV p. 26 n. 3. - P. 66 l. 28, [hiéroglyphes], p. 12 l. 6.

P. 70. l. 10. [hiéroglyphes] p. 2 l. 1, 3, 5. - 10, 3. [hiéroglyphes] 16, 8. 42, 7. Voy. p. 57 l. 16.

[hiéroglyphes] (?) mt. nt. ... NTE, conjonct. [hiéroglyphe] 22, 3. [hiéroglyphe] 4, 13. - 8, 1. - 20, 13. - 22, 5, 6. - 38, 12, 14. - 40, 3.

[hiéroglyphe] 2, 9, 12, 13. - 4, 2, 3, 5, 6. - 10, 12. - 22, 4, 7. - 46, 10. [hiéroglyphe] 22, 9. - 32, 14. - 40, 2. - 48, 10. Voy. Greff.

Les deux vers. démot. du decret de Canope, introd. p. 7 s. (et n. 5 p. 8). - Rev. Egypt. VI. p. 19 s.

P. 73. l. 27. [hiéroglyphes] voy. à [hiéroglyphes] p. 76. - P. 74 l. 25. [hiéroglyphes] bâton p. 34. l. 13. - P. 76. l. 13. [hiéroglyphes] excepté 4/10

P. 80 l. 24. [hiéroglyphes] circuler, se mouvoir, Pierret Voc. p. 637. se promener p. 28 l. 3. P. 82 fin [hiéroglyphes] - P. 83 l. 13. [hiéroglyphes] Lisez laboureur p. 3 l. 7. - Certes 9, 12. - tant 15, 11. - (c.) 17, 8. - la 29, 9. - rejouissait 33, 4. 31, 10. - jetait 24, 5. 37, 14. - aup. 41. l. 4. - 19 p. 51 l. 14. - ensuite l. 15. - mort p. 53 l. 13. - celle de. 55, 8. lacune, 56, 12. - etc.

Chemin 70.
Chercher 65
Cheveux, bouclé de 72, 79.
Chien 68.
Chose 72, 77.
Ciel 67.
Cinq 82.
Citadelle (66)
Coeur 74.
Coiffer 72.
Coiffure 69.
Combattre (77)
Comme 69, 79, 80.
Commencer 79.
Commettre un acte de violence 77.
Communication 78.
Compagne 63.
Compagnon 63.
<u>Comparatif</u> 73.
Condition 79
Conducteur 74.
Conduire (63.)
Cône de cèdre? 61.
Connaître 63, 73, 73.
Contrarier 78.
Contrée 82.
Convulsion, être saisi de 81.
Copeau 60
Côté 74.
Cou 72, 77.
Coucher 76, 79.
Couper (66), 79, (83)

Courir 74, 75.
Couronne, de fleurs 65.
Couteau 71, 78.
Coutume 79.- selon sa 68.
Couvrir 65
Craindre 78.
Créer (80)
Crier 64, 80.
Crime 81.
Crocodile 70.
Cruche 81.
Cuire 67.
Cycle des dieux 67.
Dans 63, 68, 68, 73.
De 68
De 68, 69.
Défaillir 76.
Dégoûter 68, 74.
Dehors 65, 73.
Délivrer 72.
Demander (78)
Demeure 63, 66.
Demeurer 74, 75.
Dépecer (66)
Déposer 65.
Dernière 74, 77.
Des 71. 77.
Descendre 74.
Désirer 61.
Détestable 66.
Détruire 79.
Deuil, se raser les cheveux en signe de 81.
Deuil, s'asseoir en 75.
Deux (fois) 78, 78.
Deuxième 78.
Devant 66, 68, 73, 74.
Devenir 77.
Dieu 72.
Dieux, cycle des 67.
Digne? 77.
Dire 82, 83.
Disque du soleil 63.
Distinguer 62.
Dolent (70).
Donc 63, 82.
Donner 83.
Dos 67.
Double 80.
Doux, douce 72.
Du 66.
Eau 70.
Écouter 79.
Écumer 79.
Effroi, être saisi de (72.)
Également 69.
Égypte 80.
Élever au rang de 83.
Embrasser 80.
Emparer, s' 70.
En (etc.) 62, 68, 68, 69, 69, 75.
Enceinte, être, 68, 79.
Enchanter 80
Encore 64.

Endroit 63, 64.
Enfanter 70.
Enlever 63.
Ensuite 64, 75, (77), 77.
Entendre 79.
Enterrement (70).
Entière (terre) 82.
Entre 68, 73.
Entrer 64.
Environ 64.
Envoyer 74, 77.
Épaule 73.
<u>Erpa</u> 73.
Est, 65. Est-ce que 62.
Et 61, (77)
Étable 61.
Établir (78), 81.
État 68, (73.)
Éthiopie 81.
Être 61, 65, 77, 82.
.. forme du verbe (…) 66.
.. enfanté 70, .. mené 62.
.. tué 76.
Excepté 76.
Exciter 82.
<u>Exclamation</u> 63.
Exister 65.
<u>Exposant du sujet</u> 68.
Exposer 62.
Façonner au tour (80)
Faire 63. 83.
.. sortir 67. .. vivre 78.

Faux 64
Favorite (79.)
Femme 75, 79.
Féminin (marque de) 82.
Fermenter 74.
Fête 63.
Figurer se. 78.
Fils 77.
Finir 64.
Fleur 74.
Fleuve 64.
Foie? 69.
Fois 78. deux 78.
Forme 80.
Former (80)
Fort 83.
Fraîche 80.
Frapper 74
Fraude 81.
Frère 78.
Froment 78.
Funérailles 70.
Futur ind. de 73.
Galoper 83.
Garçon 64.
Garde, prends garde, 70.
Gardien 63.
Gosier 77.
Goutte 83.
Gouvernante (77).
Gracieux, être 72.
Graisse 63.
Grand, e. 63, 65.
.. chefs 65
Habillement 75.
Habiller 65.
Habitude 79.
Harem 63.
Hâter se (77.)
Hathor, nom propre. 74.
Herbes 79
Heure 65.
Heureusement 72.
Homme 74.
.. de char? 82.
Honneurs 77.
Horà, nom propre, 76.
Horreur 66.
Il est; il y a 62.
Illumination de la terre = matin 76, 81.
Illuminer 73.
Impératif 61, 63, 74, 79.
.. négat 69.
Instruire 63.
Instrument de guerre 76.
Interjection 74.
Invoquer 78.
Jamais, à. 76.
Jarre 75.
Jeter; 76 - de l'eau 74.
Jeune-femme 64.
.. -homme 64.
Joie 74.
Jour 76.
Journellement 70.
Joyeux 72, 74.
Juger 62.
Jurer 64.
Là 62.
Labourer 79.
Laboureur 75.
Lamenter 80.
Lance (77.)
Laver 61.
Les ... de 71.
Lever, se, 74, 76.
Lieu 63.
Livre 78, 79.
Livrer 62.
Lui 68.
Lumière 76. 77.
Ma (demeure) 73.
Magasin 69.
Magiciens 78.
Main 83.
Maintenant 77.
Mais 77.
Maison 66. cf. 79.
Maître 72.
Majesté, sa, 75.
Mal 80. 82.
Malade 70.
Mâle 84.
Malfaiteur (64.)
Négation 62, 65, 65, 73, 82.
cf. 74.
.. impérat. 68, 69.
.. interog. 65.
Noir 80
Nom 73.
Nombreux 80.
Nominatif, indice du 62.
Nourrices 70.
Nouveau, de, 64.
Nuit 81.
Obscurité 81.
Odeur 79.
Oeuvre 62.
Offrande 65.
Oh! 74.
On et On. S.M. 82.
Or 77. -étant 63. 77.
.. -certes, 70.
Orge 66.
Ornement 77.
Orner 70.
Où? voy. 68.
Ou bien 69.
Ouvrage 66.
Ouvriers 64.
Ouvrir. 65. -exposer 62.
Pain 64.
Paix 76.
Panthère 61
Par 68, 75.
Parer. se. 65.
Parfumer 79.

Parler 82, 83.
Partir 75.
Passer 84, 6 temps 65.
Passif en tu 82.
Père 63.
Permettre 83.
Perséas! 80.
Personne 74, la 80
" négat. 62, 64, 66.
Petit 80.
Peur, avoir 78.
" de peur que 82.
Pharaon 67.
Pieds 74.
Placer! 65.
Plaider 62.
Plaindre 62 cf. 78.
Plainte 78.
Planche 62.
Pleurer 73.
Pluriel 64.
Poil 62.
Poisson, nom d'im. 71.
Portail 72, 79.
Porte 78, 83.
Porter 60, 62, 67.
Pour 73, 75.
Pourquoi 63.
Pousser 74, 82.
Poussière (b. sol) 68.
Pouvoir 73
Premier 82

Prendre 62, 63, 79, 81.
(Prends garde!) 70.
Préposition [hiéroglyphe] m 68.
" [hiéroglyphe] n 70.
" [hiéroglyphe] er 72.
" [hiéroglyphe] her 75.
Prier (78)
Prince heritier 73.
Pronom, 1re p.s. 61, 62.
" " pl. 71.
" 2. m.s. 80. 81.
" " f. 81.
(duel) 78.
" 3 p.s. 67, 77.
" " pl. 64, 78.
" reflechi (1&2 p.s.) 81.
" relat. 61, 72.
" subst. 74.
" précédé de tu 82.
(") art. poss. 66.
Puissance 67.
Puissant 83.
Quai (70), 82.
Quakeber, nom propre. 80.
Quand 69.
Quantité 80
Quatre 62
Que-soit 62, 82 veuille 62.
Quelle 63.
Quelque chose 72.
Quereller (querelle) 77.
Qui 71, 82.

Quitter (76).
Quoi 82.
Quand? moy. 68.
Ramener 62, 77.
Rappeler se. 78.
Regarder 72.
Rejouir se 72.
Relation caracteristique generale de 70.
Relatif, pronom 72.
Remplir 70.
Remueuse 77.
Rencontrer 84.
Rendre 64, se rendre à 78.
Renverser (66)
Repondre (65)
Reponse 65.
Rester 75, (76), 83.
Retard 65.
Retourner 64, 64, 66.
Revenir 64.
Rivage 70.
Roi 79.
Royal 79 - fils 77.
Saisir 70.
Saison 82.
Saleté 75.
Salir, cf. 65, 66, 80.
Saluer! 82.
Sang 78.
Sandales 83.
Santé 65.

Sauver 72. - se 73.
Savants 74.
Savoir 63.
Scribe 78.
Seigneur 72.
Semblable 80.
Sept 78.
Serviteur 80.
Ses 71.
Suivre 77.
Superlatif 73.
Sur 73, 75.
Si 62.
Soigner 72.
Soir 73.
Soit que soit, 82.
Sol (poussière) 68.
Soldat 70.
Sommet 84.
Sortir 64, 67, 76.
Souffrant 70.
Sous (77), 79.
Souvenir 78.
Su nom d'indien, 79.
Table 65.
Tarder 65.
Tasse 81.
Taureau 80
Tel 70.
Temps 82.
" espace de 79.
" passer un certain 79.

Tenir 77. - se 74.
Terminaison. la term. 84. 83.
Terrain 60.
Terre 81. étrangère 82.
" le sol 68.
Tes 71.
Tête 84.
That, nom d'un dieu 82.
Ti. la terminaison ti 82.
Tomber 74, 76.
Total 83.
Tout, tous 72.
Tourner 66.
Tranchant 81.
Trancher (83)
Travail 62, 66.
Traverser 84.
Trembler 72.
Très 73.
Trésor 67.
Tressaillir 81.
Tresser (72)
Trois 77.
Tromper (81)
Trouver 80.
Tuer. 69, 76 - chasser 66.
Un, une 64.
Unique 62.
Ustensile (76), 77.
Vache 62.
Vallée (cf. p. 1. p. IV) 62.
Vase 75, 81, 83.
Venir 64, 71.
Verbe auxil. il est. il y a. 62.
Verdir 74.
Vers 72.
Vêtements 75.
Vie, santé, force 64.
Viens 69.
Vilain 65.
Village 83.
Ville 72.
Vin 63.
Vingt 83.
Violence 64, 80, 83.
Violer (82)
Vivre, faire vivre 78.
" vivant 64.
Voici 74, 63.
Voir 67.
Voler, s'envoler, 66.
Vomir (66)
Vrai 69.
Xeshet (minéral) 77.
Xnoum nom d'un dieu 77.

Imprimerie Centrale des Ternes, C. EMANUELLI, 3 rue Demours

www.ingramcontent.com/pod-product-compliance
Lightning Source LLC
LaVergne TN
LVHW050519160826
845677LV00003B/1228

9782329618470